FORSCHUNGSBERICHTE DES LANDES NORDRHEIN-WESTFALEN

Nr. 1490

Herausgegeben
im Auftrage des Ministerpräsidenten Dr. Franz Meyers
von Staatssekretär Professor Dr. h. c. Dr. E. h. Leo Brandt

Christoph Heinrich

Dr. Joseph Hintzen

Mathematischer Beratungs- und Programmierungsdienst GmbH
Rechenzentrum Rhein-Ruhr, Dortmund

Berechnung längsstarrer Rahmen

Untersuchungen zur Beulwertberechnung
von Rechteckplatten

Springer Fachmedien Wiesbaden GmbH

ISBN 978-3-663-06218-9   ISBN 978-3-663-07131-0 (eBook)
DOI 10.1007/978-3-663-07131-0

Verlags-Nr. 01 1490

© 1965 by Springer Fachmedien Wiesbaden
Ursprünglich erschienen bei Westdeutcher Verlag, Köln und Opladen 1965.

Gesamtherstellung: Westdeutscher Verlag ·

Berechnung längsstarrer Rahmen

Inhalt

Einleitung 9

Knoten 10

Momenten- oder Querkraftgelenk 12

Verschiebungsgleichungen 13

1. Lastfall 13

Zustandsgrößen 15

Literaturverzeichnis 17

Einleitung

Das vorliegend beschriebene Verfahren dient der Berechnung von längsstarren Rahmen. Es wird die Kenntnis der Arbeit [1] vorausgesetzt, so daß eine kurze Darstellung des Sachverhaltes erreicht wird. Da das in [1] veröffentlichte Verfahren vorwiegend für längselastische Rahmenstäbe gedacht ist und damit im Falle von starren Stäben versagt oder zu numerischen Schwierigkeiten führt, sollen mit dem vorliegenden Verfahren diese Schwierigkeiten behoben werden.

In beiden Fällen handelt es sich um Iterationsverfahren. Ergaben sich im Falle der Arbeit [1] Konvergenzschwierigkeiten, d. h. erhebliche Rechenzeiten oder gar Divergenz, so wird im vorliegenden die Konvergenz beträchtlich beschleunigt, d. h., die Rechenzeiten werden erheblich reduziert.

Im übrigen verwenden wir wie in [1] die Darstellung mit Hilfe der Matrizen- und Vektorrechnung, wodurch die Programmierung erleichtert wird, da doch wohl in den meisten Rechenzentren der Matrizenkalkül standardmäßig programmiert ist.

Weiterhin werden im vorliegenden nur die Knotenverdrehungen iterativ bestimmt, hingegen die Riegel- bzw. Stielverschiebungen mittels eines linearen Gleichungssystems. Der Grad dieses Systems bestimmt sich lediglich als Summe der Riegel- und Stielanzahl, so daß der Speicherbedarf des zugehörigen Koeffizientenschemas erträglich ist, selbst bei größeren Rahmen.

Knoten

Unter einem Knoten verstehen wir einen Punkt des Stabwerkes, in welchem mindestens zwei Stäbe zusammenkommen. Die Knoten werden abgezählt: $k = 1, \ldots, k$ (k ist die Knotenanzahl). Die Stäbe, die in einem Knoten zusammenkommen, zählen wir ab $\sigma_k = 1,2,3,4$ (s. Abb. 1!).

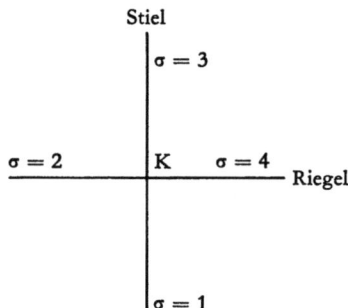

Die Rechenrichtung für die Stäbe denken wir uns vom anliegenden zum abliegenden Stabende. w_{σ_k}, $\overline{w}_{\sigma_k}$ sei die Durchbiegung am anliegenden, abliegenden Ende des Stabes σ_k; φ_{σ_k}, $\overline{\varphi}_{\sigma_k}$ die Winkelneigung am anliegenden, abliegenden Ende des Stabes σ_k.

$A_1^{(\sigma_k)}$, $A_2^{(\sigma_k)}$ sei das Moment, die Querkraft am anliegenden Stabende. Der Zustandsvektor am anliegenden Stabende ergibt sich dann wie folgt:

$$\mathfrak{Y}_0^{(\sigma_k)} = \begin{pmatrix} 0 \\ 1 \\ 0 \\ 0 \end{pmatrix} \cdot \varphi_{\sigma_k} + \begin{pmatrix} 0 \\ 0 \\ 1 \\ 0 \end{pmatrix} \cdot A_1^{(\sigma_k)} + \begin{pmatrix} 0 \\ 0 \\ 0 \\ 1 \end{pmatrix} \cdot A_2^{(\sigma_k)} + \begin{pmatrix} w_{\sigma_k} \\ 0 \\ 0 \\ 0 \end{pmatrix} = \quad (1)$$

$$= \mathfrak{v}_0^{(\sigma_k)} \cdot \varphi_{\sigma_k} + \overline{\mathfrak{B}}_0^{(\sigma_k)} \cdot \mathfrak{a}^{(\sigma_k)} + \vartheta_0^{(\sigma_k)}; \quad \mathfrak{a}^{(\sigma_k)} = \begin{pmatrix} A_1^{(\sigma_k)} \\ A_2^{(\sigma_k)} \end{pmatrix}.$$

Durch fortlaufende Multiplikation mit den Feldmatrizen $\mathfrak{M}_v^{(\sigma_k)}$ ergibt sich dann der Zustandsvektor am abliegenden Stabende:

$$\mathfrak{Y}_n^{(\sigma_k)} = \mathfrak{v}_n^{(\sigma_k)} \cdot \varphi_{\sigma_k} + \overline{\mathfrak{B}}_n^{(\sigma_k)} \cdot \mathfrak{a}^{(\sigma_k)} + \vartheta_n^{(\sigma_k)} \quad (2)$$

wobei n die Feldanzahl des Stabes σ_k bedeutet.

Aus $Y_{1n}^{(\sigma_k)} = \overline{w}_{\sigma_k}$, $Y_{2n}^{(\sigma_k)} = \overline{\varphi}_{\sigma_k}$ folgt gemäß (2)

$$\begin{pmatrix} \overline{w}_{\sigma_k} \\ \overline{\varphi}_{\sigma_k} \end{pmatrix} = \begin{pmatrix} v_{1n}^{(\sigma_k)} \\ v_{2n}^{(\sigma_k)} \end{pmatrix} \cdot \varphi_{\sigma_k} + \mathfrak{W}^{(\sigma_k)} \cdot \mathfrak{a}^{(\sigma_k)} + \begin{pmatrix} d_{1n}^{(\sigma_k)} \\ d_{2n}^{(\sigma_k)} \end{pmatrix} \text{ mit } \mathfrak{W}^{(\sigma_k)} = \begin{pmatrix} v_{11}^{(\sigma_k)} & v_{12}^{(\sigma_k)} \\ v_{21}^{(\sigma_k)} & v_{22}^{(\sigma_k)} \end{pmatrix} \quad (3)$$

$$\mathfrak{W}^{(\sigma_k)} \cdot \mathfrak{a}^{(\sigma_k)} = -\begin{pmatrix} v_{1n}^{(\sigma_k)} \\ v_{2n}^{(\sigma_k)} \end{pmatrix} \cdot \varphi_{\sigma_k} + \begin{pmatrix} 0 \\ 1 \end{pmatrix} \cdot \overline{\varphi}_{\sigma_k} + \begin{pmatrix} \overline{w}_{\sigma_k} - d_{1n}^{(\sigma_k)} \\ -d_{2n}^{(\sigma_k)} \end{pmatrix}$$

oder

$$\mathfrak{a}^{(\sigma_k)} = \mathfrak{g}^{*(\sigma_k)} \cdot \varphi_{\sigma_k} + \overline{\mathfrak{g}}^{(\sigma_k)} \cdot \overline{\varphi}_{\sigma_k} + \mathfrak{F}^{(\sigma_k)} \qquad (4)$$

mit

$$\mathfrak{g}^{*(\sigma_k)} = -(\mathfrak{W}^{(\sigma_k)})^{-1} \cdot \begin{pmatrix} v_{n1}^{(\sigma_k)} \\ v_{2n}^{(\sigma_k)} \end{pmatrix}; \quad \overline{\mathfrak{g}}^{(\sigma_k)} = (\mathfrak{W}^{(\sigma_k)})^{-1} \cdot \begin{pmatrix} 0 \\ 1 \end{pmatrix}$$

und

$$\mathfrak{F}^{(\sigma_k)} = (\mathfrak{W}^{(\sigma_k)})^{-1} \cdot \begin{pmatrix} \overline{w}_{\sigma_k} - d_{1n}^{(\sigma_k)} \\ -d_{2n}^{(\sigma_k)} \end{pmatrix}.$$

Es gilt demnach:

$$A_1^{(\sigma_k)} = g_1^{*(\sigma_k)} \cdot \varphi_{\sigma_k} + \overline{g}_1^{(\sigma_k)} \cdot \overline{\varphi}_{\sigma_k} + \overline{d}_1^{(\sigma_k)} \qquad (5a)$$

$$A_2^{(\sigma_k)} = g_2^{*(\sigma_k)} \cdot \varphi_{\sigma_k} + \overline{g}_2^{(\sigma_k)} \cdot \overline{\varphi}_{\sigma_k} + \overline{d}_2^{(\sigma_k)} \qquad (5b)$$

Weiterhin folgt aus $\Sigma M = 0$:

$$_k\Sigma A_1^{(\sigma_k)} = {}_k\Sigma g_1^{*(\sigma_k)} \cdot \varphi_{\sigma_k} + {}_k\Sigma \overline{g}_1^{(\sigma_k)} \cdot \overline{\varphi}_{\sigma_k} + \Sigma \overline{d}_1^{(\sigma_k)} = 0 \qquad (6)$$

oder, indem wie die Stabendverdrehungen φ_{σ_k} gleich den Knotenverdrehungen $\varphi^{(k)}$ ($\varphi_{\sigma_k} = \varphi^{(k)}$) setzen: $\varphi^{(k)} \cdot {}_k\Sigma g_1^{*(\sigma_k)} + \Sigma \overline{g}_1^{(\sigma_k)} \cdot \overline{\varphi}_{\sigma_k} + \Sigma \overline{d}_1^{(\sigma_k)} = 0$

oder

$$\varphi^{(k)} = {}_k\Sigma g^{(\sigma_k)} \cdot \overline{\varphi}_{\sigma_k} + \overline{d}^{(k)} \quad \text{mit} \quad g^{(\sigma_k)} = -\frac{\overline{g}_1^{(\sigma_k)}}{g_1^{*(\sigma_k)}}; \overline{d}^{(k)} = \Sigma \overline{d}_1^{(\sigma_k)}. \qquad (7)$$

Vorstehende Gleichung ist die Iterationsgleichung. Sie gilt unter der Voraussetzung, daß die Verschiebungen w_{σ_k}, $\overline{w}_{\sigma_k}$ für alle Stiele und Riegel bekannt sind. Hat man eine Näherung für die Verdrehungen der abliegenden Knoten $\overline{\varphi}_{\sigma_k}$, so ergibt sich nach (6) eine verbesserte Näherung für die Verdrehung $\varphi^{(k)}$ am Knoten k. Dieses Iterationsprinzip wird für alle Knoten solange durchgeführt, bis sich an allen Knoten keine wesentliche Änderung der Verdrehung mehr ergibt.

Momenten- oder Querkraftgelenk

Ein Momentengelenk am anliegenden Stabende bewirkt einfach, daß der Stab σ_k in der Summierung gemäß (6) und (7) unberücksichtigt bleibt, da er beim Momentengleichgewicht keinen Anteil erbringt. Im Falle der Querkraftgelenke am anliegenden Stabende setzen wir $w_{\sigma_k} = A_2^{(\sigma_k)}$. Der Zustandsvektor lautet dann:

$$\mathfrak{Y}_0^{(\sigma_k)} = \begin{pmatrix} 0 \\ 1 \\ 0 \\ 0 \end{pmatrix} \cdot \varphi_{\sigma_k} + \begin{pmatrix} 0 \\ 0 \\ 1 \\ 0 \end{pmatrix} \cdot A_1^{(\sigma_k)} + \begin{pmatrix} 1 \\ 0 \\ 0 \\ 0 \end{pmatrix} \cdot A_2^{(\sigma_k)} + \begin{pmatrix} 0 \\ 0 \\ 0 \\ 0 \end{pmatrix} = \quad (1\,a)$$

$$= \mathfrak{v}_0^{(\sigma_k)} \cdot \varphi_{\sigma_k} + \overline{\mathfrak{V}}_0^{(\sigma_k)} \cdot \mathfrak{a}^{(\sigma_k)} + \vartheta_0^{(\sigma_k)}.$$

Die weiteren Überlegungen (2)–(6) gelten unverändert.

Ein Momentengelenk am abliegenden Stabende bedeutet $Y_{3n}^{(\sigma_k)} = 0$. Aus (2) folgt:

$$\begin{pmatrix} \overline{w}_{\sigma_k} \\ 0 \end{pmatrix} = - \begin{pmatrix} v_{1n}^{(\sigma_k)} \\ v_{3n}^{(\sigma_k)} \end{pmatrix} \cdot \varphi_{\sigma_k} + \mathfrak{W}^{(\sigma_k)} \cdot \mathfrak{a}^{(\sigma_k)} + \begin{pmatrix} 0 \\ 0 \end{pmatrix} \cdot \overline{\varphi}_{\sigma_k} + \begin{pmatrix} d_{1n}^{(\sigma_k)} \\ d_{3n}^{(\sigma_k)} \end{pmatrix}$$

mit

$$\mathfrak{W}^{(\sigma_k)} = \begin{pmatrix} v_{11}^{(\sigma_k)} & v_{12}^{(\sigma_k)} \\ v_{31}^{(\sigma_k)} & v_{32}^{(\sigma_k)} \end{pmatrix},$$

also

$$\mathfrak{W}^{(\sigma_k)} \cdot \mathfrak{a}^{(\sigma_k)} = - \begin{pmatrix} v_{1n}^{(\sigma_k)} \\ v_{3n}^{(\sigma_k)} \end{pmatrix} \cdot \varphi_{\sigma_k} + \begin{pmatrix} 0 \\ 0 \end{pmatrix} \cdot \overline{\varphi}_{\sigma_k} + \begin{pmatrix} \overline{w}_{\sigma_k} - d_{1n}^{(\sigma_k)} \\ -d_{3n}^{(\sigma_k)} \end{pmatrix}.$$

Danach ergeben sich (4)–(6) analog.

Im Falle eines Querkraftgelenkes am abliegenden Stabende gilt: $Y_{4n}^{(\sigma_k)} = 0$. Aus (2) folgt dann:

$$\begin{pmatrix} \overline{\varphi}_{\sigma_k} \\ 0 \end{pmatrix} = \begin{pmatrix} v_{2n}^{(\sigma_k)} \\ v_{4n}^{(\sigma_k)} \end{pmatrix} \cdot \varphi_{\sigma_k} + \mathfrak{W}^{(\sigma_k)} \cdot \mathfrak{a} + \begin{pmatrix} d_{2n}^{(\sigma_k)} \\ d_{4n}^{(\sigma_k)} \end{pmatrix} \quad \text{mit} \quad \mathfrak{W}^{(\sigma_k)} = \begin{pmatrix} v_{21}^{(\sigma_k)} & v_{22}^{(\sigma_k)} \\ v_{41}^{(\sigma_k)} & v_{42}^{(\sigma_k)} \end{pmatrix}$$

also

$$\mathfrak{W}^{(\sigma_k)} \cdot \mathfrak{a} = - \begin{pmatrix} v_{2n}^{(\sigma_k)} \\ v_{4n}^{(\sigma_k)} \end{pmatrix} \cdot \varphi_{\sigma_k} + \begin{pmatrix} 1 \\ 0 \end{pmatrix} \cdot \overline{\varphi}_{\sigma_k} + \begin{pmatrix} -d_{2n}^{(\sigma_k)} \\ -d_{4n}^{(\sigma_k)} \end{pmatrix}$$

Die Gln. (4)–(7) folgen analog.

Verschiebungsgleichungen

Jedem Riegel bzw. Stiel ist eine Verschieblichkeit $\mathfrak{X}_\tau$ in Längsrichtung zugeordnet, wobei wir die Riegel und Stiele von $\tau = 1, \ldots, t$ abgezählt haben. Diese Längsverschiebungen $\mathfrak{X}_\tau$ entsprechen den Durchbiegungen w_{σ_k} der Stabenden, die in den Knoten k des Riegels oder Stiels τ in Querrichtung zum Riegel oder Stiel anliegen.

Wir gewinnen nun die gesuchten Gleichungen für die Verschiebungen $\mathfrak{X}_\tau$ mittels Überlagerung von $t + 1$ Lastfällen.

1. Lastfall:

Vorgegebene äußere Belastung am unverschieblichen Stockwerkrahmen. Unverschieblichkeit bedeutet $w_{\sigma_k} = 0$ für alle Stabenden des Stabwerkes. Die Verdrehungen $\varphi^{(k)}$ für diesen Lastfall ergeben sich iterativ gemäß (7), wobei $\overline{d}^{(k)}$ der vorgegebenen äußeren Belastung entspricht. Die Querkräfte an den Stabenden ergeben sich gemäß (5b) bei jetzt bekannten $\varphi^{(k)} = \varphi_{\sigma_k} (= \overline{\varphi}_{\sigma_k})$. Im Falle eines Riegels $\overline{\tau}$ gilt für die Stabenden der Stiele, die in den Knoten k des Riegels anliegen:

$$\kappa \Sigma A_2^{(1)} + \kappa \Sigma A_2^{(3)} = a_{\overline{\tau}}.$$

Im Falle eines Stiels τ gilt für die Stabenden der Riegel, die in den Knoten k des Stiels anliegen:

$$\kappa \Sigma A_2^{(2)} + \kappa \Sigma A_2^{(4)} = a_{\overline{\tau}}.$$

$(\tau + 1)$. Lastfall $(\tau = 1, \ldots, t)$:

Dem Riegel bzw. Stiel τ wird die Verschiebung $\mathfrak{X}_\tau = 1$ in Längsrichtung erteilt unter Festhaltung aller anderen Riegel bzw. Stiele; d. h. $\mathfrak{X}_{\overline{\tau}} = 0$ für $\tau \neq \overline{\tau}$. Dies bedeutet $w_{\sigma_k} = 0$ für alle Stabenden, deren Durchbiegung nicht mit der Verschiebung $\mathfrak{X}_\tau = 1$ zusammenfällt. Die Verschiebung $\mathfrak{X}_\tau = 1$ entspricht der Durchbiegung $w_{\sigma_k} = 1$ derjenigen Stabenden, die in Querrichtung in den Knoten k des Riegels bzw. Stiels τ anliegen. Die Verdrehungen $\varphi^{(k)}$ ergeben sich iterativ gemäß (7), wobei $\overline{d}^{(k)}$ der vorgegebenen Belastung $w_{\sigma_k} = 1$ der zuletzt genannten Stabenden entspricht. Auch im vorliegenden Fall bestimmen sich die $A_2^{(\sigma_k)}$ gemäß (5b). Im Falle der Riegel $\overline{\tau}$ gilt für die Stabenden der Stiele, die in den Knoten k des Riegels anliegen:

$$\kappa \Sigma A_2^{(1)} + \kappa \Sigma A_2^{(3)} = a_{\overline{\tau}\tau}.$$

Im Falle eines Stiels τ gilt für die Stabenden der Riegel, die in den Knoten k des Stiels anliegen:

$$\kappa\Sigma\, A_2^{(2)} + \kappa\Sigma\, A_2^{(4)} = a_{\bar{\tau}\tau}.$$

Greifen statt der Verschiebungen 1 die gesuchten Verschiebungen $\mathfrak{X}_\tau$ an, so ergibt sich $\mathfrak{X}_\tau \cdot a_{\bar{\tau}\tau}$ statt der Summen $a_{\bar{\tau}\tau}$.

Für jeden Riegel bzw. Stiel $\bar{\tau}$ gilt dann die Gleichgewichtsbeziehung:

$$\tau\sum_1^t \mathfrak{X}_\tau \cdot a_{\bar{\tau}\tau} + a_{\bar{\tau}} = 0 \quad (\bar{\tau} = 1, 2, \ldots, t). \tag{8}$$

Die gesuchten $\mathfrak{X}_\tau$ ergeben sich demnach als Lösungen des Gleichungssystems (8). (8) sind die gesuchten Verschiebungsgleichungen.

Zustandsgrößen

Die den als Lösungen von (8) gefundenen Verschiebungsgrößen $\mathfrak{X}_\tau$ ($\tau = 1, \ldots, t$) entsprechenden $\varphi^{(k)}$ gewinnen wir wiederum iterativ gemäß (7), wobei sich die $\bar{d}^{(k)}$ unter dem Lastfall dieser vorgegebenen Verschiebungen $\mathfrak{X}_t$ bestimmen. Nach (5a), (5b) gewinnen wir bei nun bekannten φ_{σ_k}, $\bar{\varphi}_{\sigma_k}$ die Größen $A_1^{(\sigma_k)}$, $A_2^{(\sigma_k)}$, d. h. wir kennen damit alle Komponenten der Vektoren $\mathfrak{Y}_0^{(\sigma_k)}$ (das sind die Zustandsgrößen der Stabenden). Die übrigen Zustandsgrößen bestimmen sich durch fortlaufende Matrixmultiplikation mit $\mathfrak{M}_\nu^{(\sigma_k)}$.

Dr. Joseph Hintzen
Christoph Heinrich

Literaturverzeichnis

[1] HEINRICH, HINTZEN und KLUMM, Die elektronische Berechnung des durchlaufenden, rechtwinkligen, drehsteifen Trägerrostes nach einem Iterationsverfahren. Informationen über elektronisches Rechnen im Straßenwesen, H. 4.

[2] HINTZEN, J., und J. POSTL, Die elektronische Berechnung ebener Stabwerke unter beliebiger statischer und dynamischer, in der Ebene wirkender Belastung. Informationen über elektronisches Rechnen im Straßenwesen, H. 6.

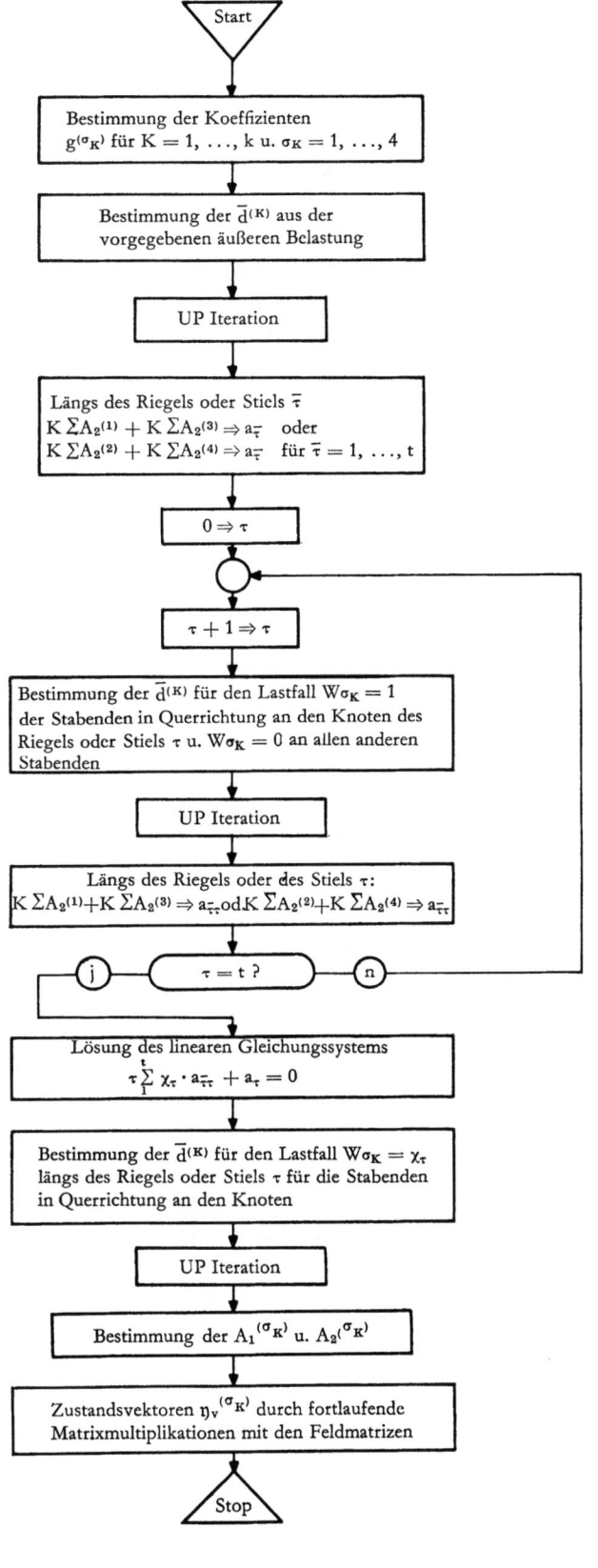

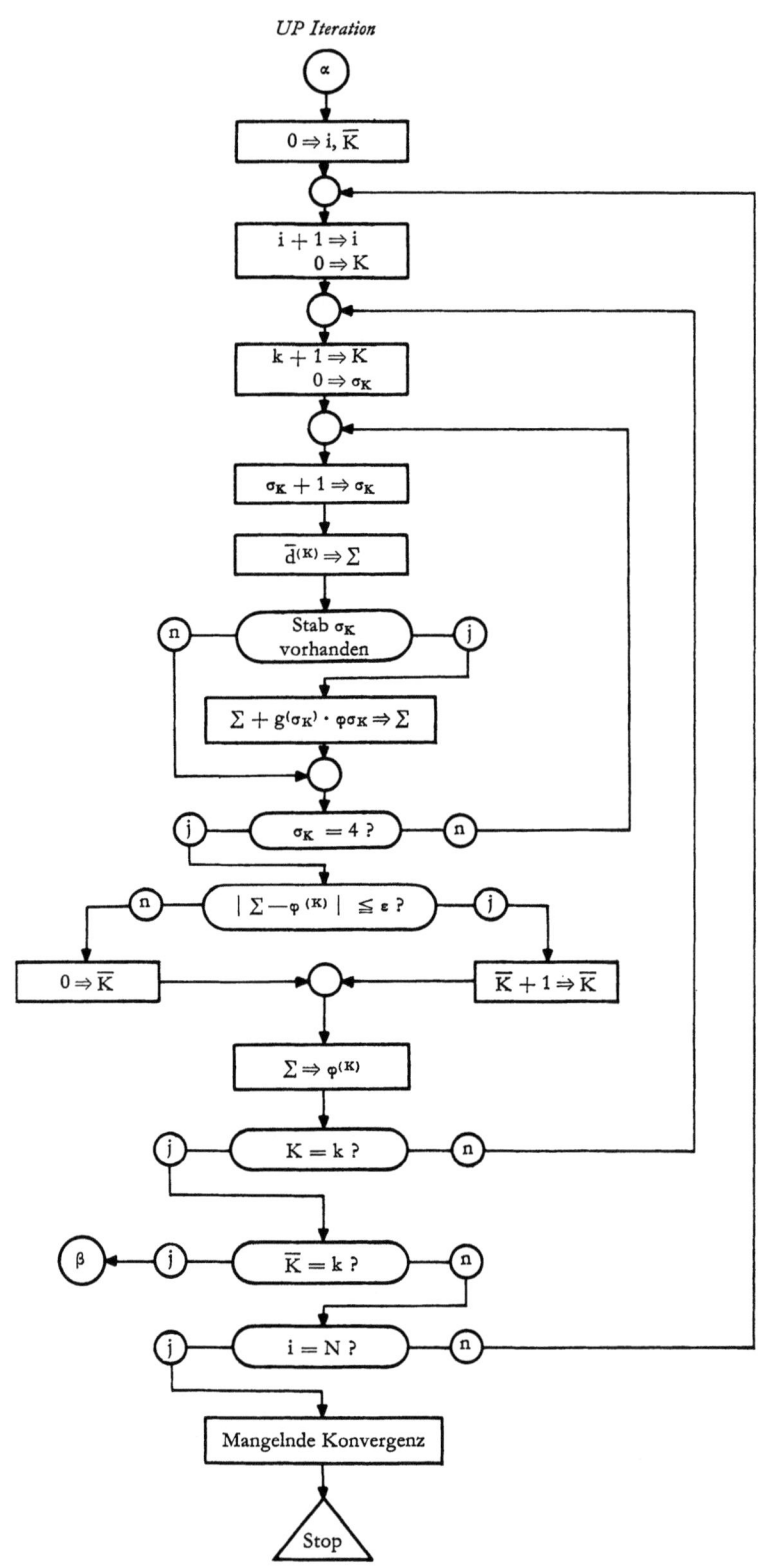

Untersuchungen zur Beulwertberechnung von Rechteckplatten

Inhalt

A. Aufgabe 25
    Angaben für die Berechnung eines Beulwertes 26

B. Verfahrensbeschreibung 29
    Aufstellen der Matrizen $\mathfrak{A}$ und $\mathfrak{B}$ sowie Bilden von $\mathfrak{B} - \mathfrak{k}^0 \mathfrak{A} \Rightarrow \mathfrak{B}^*$ .. 35
    Inversion der Matrix $\mathfrak{B}^*$ 36
    Eigenwertentwicklung durch Iteration 36
    Ausgabe der Ergebnisse 37

C. Bedienungsanweisung für das Beulprogramm 41
    Anfangsvektor $\mathfrak{z}_0$ 43
    Anfangsbeulwert $\mathfrak{k}^0$ 43

A. Aufgabe

Das Programm berechnet die Beulwerte unausgesteifter wie auch ausgesteifter Rechteckplatten mit beliebigem Seitenverhältnis. Bei Vorhandensein von Steifen setzt das Programm voraus, daß diese parallel zu den Plattenrändern liegen und von Rand zu Rand durchlaufen, während ihre Steifigkeit sowie Lage und Anzahl beliebig sein dürfen. Das Programm berücksichtigt verschmierte wie auch Einzelsteifen und bei letzteren gegebenenfalls den Einfluß eines Torsionsanteils.
Berechnet werden die idealen Beulwerte bei reiner Schubbelastung (konstant oder linearveränderlich mit sinusförmiger Überlagerung), Längsbelastung (konstant oder linearveränderlich) und Querbelastung (konstant oder cosinusförmig) bzw. bei entsprechenden Kombinationen der oben genannten Belastungsarten (s. hierzu Skizze auf S. 26 und 28).
Es können danach für alle in der Praxis vorkommenden Fälle genaue Beulwerte berechnet werden.
Für obige Beulwertberechnung gelten die gleichen Voraussetzungen und Annahmen wie für jene in dem Normblatt »Berechnungsgrundlagen für Stabilitätsfälle im Stahlbau (Knickung, Kippung, Beulung) DIN 4114«. Die weiter unten benutzten Bezeichnungen stimmen mit denen der DIN 4114 überein.
Die Berechnung erfolgt nach der Energiemethode. Die bei Belastung des zunächst ebenen (Steg-)Bleches mit evtl. Steifen entstehende sogenannte Beulfläche wird durch eine endliche FOURIER-Doppelreihe beschrieben, wobei deren Koeffizienten ein Maß für die Verformung darstellen. In dem für die Stabilitätsgrenze geltenden Variationsproblem wird nach den Koeffizienten variiert. Die Rechnung führt auf eine gewöhnliche Extremwertaufgabe. Es entsteht ein System homogener Gleichungen, deren Matrixelemente sich linear aus dem Ausdruck für die innere und äußere Energie zusammensetzt. Der kleinste positive Eigenwert des so entstehenden allgemeinen Matrizeneigenwertproblems ist der dimensionslose Beulwert $\mathfrak{k}$.
Da das Programm nur einen Beulwert liefert, muß wegen der bereits obengenannten unterschiedlichen Belastungsarten (d. h. Spannungen σ_1, σ_η, τ) vor der Berechnung bestimmt werden, auf welche der Spannungen der Beulwert $\mathfrak{k}$ bezogen werden soll; das Programm berechnet also jeweils den Beulwert $\mathfrak{k}_{\sigma_1}$, $\mathfrak{k}_{\sigma_\eta}$ oder $\mathfrak{k}_\tau$. Da bei einer Platte, die sowohl durch σ_1 als auch durch σ_η und τ beansprucht wird, »üblicherweise« die Annahme $\sigma_1 : \sigma_\eta : \tau = \mathfrak{k}_{\sigma_1} : \mathfrak{k}_{\sigma_\eta} : \mathfrak{k}_\tau$ gemacht wird, werden hiernach gegebenenfalls die übrigen beiden Beulwerte berechnet.

Angaben für die Berechnung eines Beulwertes

Um die Bedeutung der bei den Angaben zur Anwendung kommenden Bezeichnungen klarzustellen, möge folgende Skizze dienen:

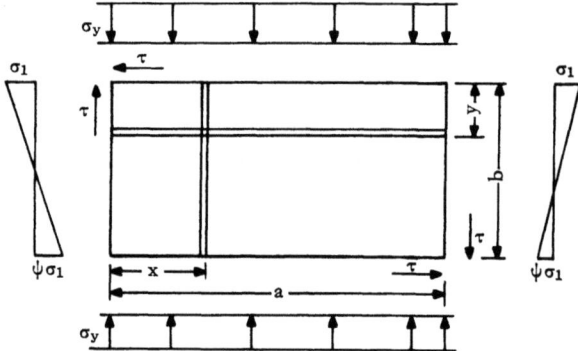

Sie zeigt eine Platte der Länge a und der Breite b. Eingezeichnet ist eine Längs- (L) und Quersteife (Q). Ihre Abstände $\eta = \eta b$ bzw. $x = \xi a$ werden vom oberen bzw. linken Rand gemessen. Die Platte ist allseitig belastet; σ_1 bezeichnet die Druckspannung am oberen Plattenrand ($\eta = 0$) und $\psi \sigma_1$ diejenige am unteren Plattenrand ($\eta = b$), τ bezeichnet die gleichmäßig über die Ränder verteilte Schubspannung. σ_η ist hier die gleichmäßig in η-Richtung wirkende Spannung; die Sonderfälle, nicht konstanter Verlauf der Schub- und Querbelastung, werden im Anschluß an die Angaben IV. erläutert.

Für die Platte allein sind nachstehende Angaben erforderlich:

1. Seitenverhältnis $\alpha = a/b$,
2. Randspannungsverhältnis ψ,
3. Belastungen, d. h. Spannungen: $\sigma_1, \sigma_\eta, \tau$.

Bei Vorhandensein von Steifen werden drei Arten unterschieden, und zwar verschmierte Steifen, Einzelsteifen ohne Torsionseinfluß und Einzelsteifen mit Torsionseinfluß.

Zur abkürzenden Bezeichnung bei den weiteren Angaben werden zunächst folgende Größen eingeführt:

F^x Querschnittsfläche der Steife x
J^x Trägheitsmoment der Steife x (s. DIN 4114 Ri Bild 27)
J_D^x ST. VENANTscher Torsionswiderstand der Steife x
J_p^x Polares Trägheitsmoment ⎫
C_w^x Wölbungswiderstand   ⎭ bezogen auf die Mittelfläche des Bleches
E   Elastizitätsmodul
G   Schubmodul
μ Querdehnungszahl
t   Plattendicke
N   Plattensteifigkeit

Es muß dann angegeben werden:

I. Bei verschmierten Steifen:

  a) Die Anzahl

  b) $\delta^x = \dfrac{F^x}{b \cdot t}$

  c) $\gamma^x = \dfrac{E \cdot J^x}{N \cdot b}$

II. Bei Einzelsteifen *ohne* Torsionseinfluß:

  a) Die Anzahl

  b) $\eta = \dfrac{\mathfrak{y}}{b}$ bzw. $\xi = \dfrac{\mathfrak{x}}{a}$

  c) $\delta^x = \dfrac{F^x}{b \cdot t}$

  d) $\gamma^x = \dfrac{E \cdot J^x}{b \cdot t}$

III. Bei Einzelsteifen *mit* Torsionseinfluß außer dem unter II. genannten:

  e) Die Anzahl

  f) $\delta_D^x = \dfrac{J_P^x}{b^3 \cdot t} = \dfrac{1}{b^3 \cdot t} J_P^x$

  g) $\gamma_D^x = \dfrac{G \cdot J_D^x}{b \cdot N} = \dfrac{G}{b \cdot N} J_D^x$

  h) $\gamma^x = \dfrac{E \cdot C_w^x}{b^3 \cdot N} = \dfrac{E}{b^3 \cdot N} C_w^x$

Bei nicht konstanter Spannung σ_y und τ müssen Angaben über die folgenden Größen gemacht werden:

  a) K_1^γ
  b) K_2^γ
  c) K_1^τ
  d) K_2^τ

Die Bedeutung der zuletzt gemachten Angaben ergibt sich aus dem Funktionsansatz für $\sigma_\mathfrak{y}$ und τ. Dieser Ansatz lautet:

$$\sigma_\mathfrak{y}(\mathfrak{x}, \mathfrak{y}) = \left[K_1^\gamma + K_2^\gamma \left(1 - \dfrac{\mathfrak{y}}{b}\right) + (K_1^\gamma + K_2^\gamma - 1)\left(1 - \dfrac{\mathfrak{y}}{b}\right) \cos \dfrac{2\pi \mathfrak{x}}{a} \right] \sigma_\mathfrak{y}\left(\dfrac{a}{2}\right)$$

$$\tau(\mathfrak{x}) = \left[K_1^\tau + \dfrac{2(1 - K_1^\tau)}{a} \mathfrak{x} + K_2^\tau \sin \dfrac{2\pi \mathfrak{x}}{a} \right] \tau\left(\dfrac{a}{2}\right)$$

Die Funktionswerte σ_η und τ sind also mit Hilfe der Größen K auf die Funktionswerte an der Stelle $\eta = 0$, $\mathfrak{x} = \dfrac{a}{2}$ bezogen. Die geometrische Bedeutung der Größen K geht aus untenstehenden Schaubildern der Funktionen σ_η und τ für den oberen Plattenrand $\eta = 0$ hervor.

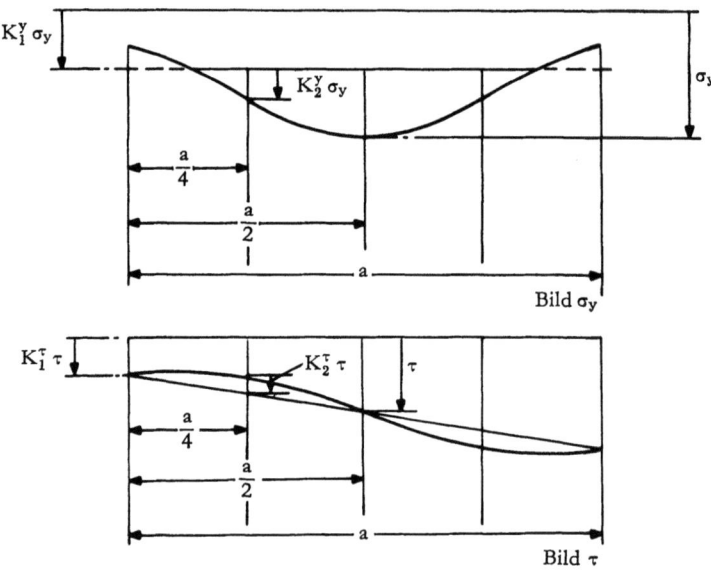

Literatur: KLÖPPEL–SCHEER, Beulwerte ausgesteifter Rechteckplatten. W. Ernst u. Sohn 1960, dort weitere Literaturhinweise.

B. Verfahrensbeschreibung

Die Verformung der Mittelfläche der Platte wird wiedergegeben durch die Funktion
$$w = w(x, \mathfrak{y}).$$
Im unbelasteten Zustand soll die Mittelfläche mit der $(x, \mathfrak{y})$-Ebene des gewählten Koordinatensystems zusammenfallen; mit anderen Worten, die Mittelfläche ist dann die Mittelebene der Platte. Der unten folgenden Rechnung liegt demnach die Annahme zugrunde, daß bei Belastung für die Ränder $x = 0$ und $x = a$ sowie $\mathfrak{y} = 0$ und $\mathfrak{y} = b$ der Platte gelten soll:
$$w = 0.$$
Zum anderen wird die weitere Annahme gemacht, daß an den oben bezeichneten Rändern die Platte drehungsfrei gelagert ist. Mathematisch formuliert gilt für diese Ränder dann:
$$\frac{\partial^2 w}{\partial x^2} = \frac{\partial^2 w}{\partial \mathfrak{y}^2} = 0.$$
Zusammengefaßt gilt also für den Rand der Platte:
$$w = \frac{\partial^2 w}{\partial x^2} = \frac{\partial^2 w}{\partial \mathfrak{y}^2} = 0 \qquad \text{(Naviersche Randbedingung)}$$

Der zur Anwendung kommenden Plattentheorie liegen die diesbezüglichen Kirchhoffschen Annahmen zugrunde.
Die auf den gesamten Plattenrand wirkenden unterschiedlichen Belastungen sollen nur Komponenten innerhalb der oben definierten $(x, \mathfrak{y})$-Ebene haben.
Hinsichtlich des Tragkörpers gilt: ideal-ebenes Blech und mittig angeordnete Steifen; der Werkstoff ist isotrop und das Hookesche Gesetz hat uneingeschränkte Gültigkeit.
Werden unter der letzteren Annahme Beulwerte ermittelt, die oberhalb der Proportionalitätsgrenze liegen, so wird die Beulspannung nach Maßgabe des Engesserschen Knickmoduls nachträglich abgemindert. Hierauf braucht nicht näher eingegangen zu werden.
Bezeichnet $\Delta\pi$ die Potentialänderung des Kräftesystems infolge einer virtuellen Verschiebung $\partial w(x, \mathfrak{y})$ und bezeichnen $\delta\pi$ die linearen und $\delta^2\pi$ die quadratischen Glieder von $\Delta\pi$, so führen die Stabilitätsbedingungen zu dem Variationsproblem $\delta^2\pi = 0$, $\delta(\delta^2\pi) = 0$, welches mit dem Ritzschen Ansatz

$$\partial w = \sum_m \sum_n A_{mn} \cdot \sin \frac{m \pi x}{a} \sin \frac{n \pi \mathfrak{y}}{b}$$

in das Minimumproblem $\dfrac{\partial (\delta^2 \pi)}{\partial A_{mn}} = 0$ übergeht.

Die Ausdrücke $\dfrac{\partial (\delta^2 \pi)}{\partial A_{mn}}$ sind die von m und n abhängigen Zeilen eines linearen homogenen Gleichungssystems, dessen kleinster positiver Eigenwert der Beulwert k ist.

Die Anteile aus dem inneren Potential der Platte werden in der Matrix $\mathfrak{B}$, die Ausdrücke aus dem äußeren Potential in der Matrix $\mathfrak{A} \cdot \mathfrak{k}$ zusammengefaßt. Die Beulmatrix läßt sich dann in der Form $\mathfrak{B} - \mathfrak{A} \cdot \mathfrak{k}$ aufstellen.

Die hieraus gebildete Determinante muß der Bedingung genügen, gleich Null zu sein. Für den ersten Eigenvektor $\mathfrak{z}$ gilt

$$\mathfrak{z}' \cdot \mathfrak{B} \mathfrak{z} - \mathfrak{k} \mathfrak{z}' \mathfrak{A} \mathfrak{z} = 0$$

oder

$$\frac{\mathfrak{z}' \mathfrak{B} \mathfrak{z}}{\mathfrak{z}' \mathfrak{A} \mathfrak{z}} = \mathfrak{k}$$

Ausgehend von einem willkürlichen Anfangsvektor $\mathfrak{z}_\nu$ gelangt man durch eine sogenannte gebrochene Iteration, die allgemein wie folgt lautet.

$$\mathfrak{B} \mathfrak{z}_{\nu+1} = \mathfrak{A} \mathfrak{z}_\nu$$

für $\nu \to \infty$ zu dem Eigenvektor $\mathfrak{z}$.

Nach dem Verfahren von WIELANDT, Spektralverschiebung genannt, kann man die Konvergenz beeinflussen, wenn man eine Näherung $\mathfrak{k}^0$ für den ersten Beulwert in der folgenden Identität

$$\frac{\mathfrak{z}'_\nu \mathfrak{B} \mathfrak{z}_\nu}{\mathfrak{z}'_\nu \mathfrak{A} \mathfrak{z}_\nu} = \mathfrak{k}^0 + \frac{\mathfrak{z}'_\nu (\mathfrak{B} - \mathfrak{k}^0 \mathfrak{A}) \mathfrak{z}_\nu}{\mathfrak{z}'_\nu \mathfrak{A} \mathfrak{z}_\nu}$$

ansetzt.

Diese Spektralverschiebung beinhaltet, daß der Eigenvektor der gleiche bleibt, also auch

$$(\mathfrak{B} - \mathfrak{k}^0 \mathfrak{A}) \mathfrak{z}_{\nu+1} = \mathfrak{A} \mathfrak{z}_\nu$$

für $\nu \to \infty$ gegen den gewünschten Eigenvektor konvergiert.

Zur Abkürzung wird gesetzt

$$w_{\nu+1} = \mathfrak{A} \mathfrak{z}_\nu$$
$$w_{\nu+1} = (\mathfrak{B} - \mathfrak{k}^0 \mathfrak{A}) \mathfrak{z}_{\nu+1}$$

bzw.

$$w_\nu = (\mathfrak{B} - \mathfrak{k}^0 \mathfrak{A}) \mathfrak{z}_\nu$$

Hiermit ist

$$\mathfrak{k} = \mathfrak{k}^0 + \frac{\mathfrak{z}_\nu \cdot \mathfrak{w}_\nu}{\mathfrak{z}_\nu \cdot \mathfrak{w}_{\nu+1}}$$

Die Iterationsvorschrift des WIELANDTschen Verfahrens lautet dann

$$\mathfrak{w}_{\nu+1} = \mathfrak{A}\,\mathfrak{z}_\nu$$

$$\mathfrak{z}_{\nu+1} = (\mathfrak{B} - \mathfrak{k}^0\mathfrak{A})^{-1}\,\mathfrak{w}_{\nu+1}$$

Die Vektoren $\mathfrak{z}_\nu$ konvergieren bei geeigneter Normierung für $\nu \to \infty$ gegen den zum Eigenwert $\mathfrak{k}$ gehörenden Eigenvektor.

Der RAYLAIGH-Quotient ist:

$$R_\nu = \frac{\mathfrak{z}_\nu' \mathfrak{B}\,\mathfrak{z}_\nu}{\mathfrak{z}_\nu' \mathfrak{A}\,\mathfrak{z}_\nu} = \mathfrak{k}_0 + \frac{\mathfrak{z}_\nu'(\mathfrak{B} - \mathfrak{k}^0\mathfrak{A})\,\mathfrak{z}_\nu}{\mathfrak{z}_\nu' \mathfrak{A}\,\mathfrak{z}_\nu}$$

$$= \mathfrak{k}_0 + \frac{\mathfrak{z}_\nu\,\mathfrak{w}_\nu}{\mathfrak{z}_\nu\,\mathfrak{w}_{\nu+1}}$$

Es ist dann $K = \lim_{\nu \to \infty} R_\nu$

Im konkreten Fall ist die zu untersuchende Platte rechteckig. Sie hat die Länge a, die Breite b und die Dicke t. Das bei der folgenden Rechnung verwendete Koordinatensystem ist ein Rechtssystem $\mathfrak{x}, \mathfrak{y}, \mathfrak{z}$; in der anschließenden Zeichnung einer Platte bildet ihr oberer waagerechter Rand die $\mathfrak{x}$-Achse, ihr linker senkrechter Rand die $\mathfrak{y}$-Achse, der Koordinatenursprung fällt also mit der linken oberen Ecke der Platte zusammen. Die in der Plattenebene wirkenden Belastungen σ_1 und σ sollen senkrecht zum jeweiligen Plattenrand angreifen. In der erwähnten Zeichnung ist die Größe der Belastung durch eine entsprechende Länge eines Pfeils außerhalb des Plattenrandes angedeutet, ebenfalls die Richtung. In der Zeichnung befinden sich auf der Platte parallel zum Rand verlaufende Doppelstriche. Diese bezeichnen die Lage evtl. angebrachter Steifen.

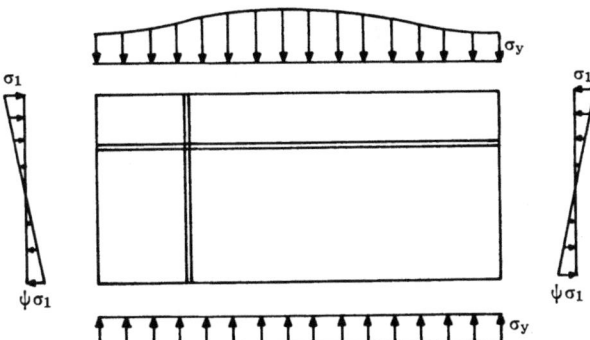

Die Platte wird durch Normalspannungen $\sigma_\mathfrak{x}$ sowie auch $\sigma_\mathfrak{y}$ und durch Schubspannungen τ belastet. Die Normalspannung $\sigma_\mathfrak{x}$ am oberen Rand ($\mathfrak{y} = 0$) ist mit σ_1 die entsprechende am unteren Rand ($\eta = b$) mit $\psi\sigma_1$ bezeichnet. Die Normalspannungen σ_x lassen sich in Abhängigkeit von η beschreiben:

$$\sigma_x(\eta) = \sigma_1 \left\{ 1 + (\psi - 1) \cdot \frac{\eta}{b} \right\}$$

In der Programmbeschreibung bei KLÖPPEL–SCHEER – s. Literaturhinweis – war hinsichtlich der Normalspannung σ_η und Schubspannung τ in beiden Fällen eine gleichmäßige Spannungsverteilung vorgesehen. Als Besonderheit kommt in dem vom Mathematischen Beratungs- und Programmierungsdienst entwickelten Programm die Berücksichtigung einer ungleichförmigen Belastung hinzu, und zwar infolge des Druckes eines Rades, also ein Fall, der für den Kranbau Bedeutung hat. Dem gewählten funktionellen Lastverlauf längs des oberen Plattenrandes liegt der Gedanke zugrunde, die Last an ungünstigster Stelle anzunehmen; diese ist die Mitte des zu untersuchenden Feldes. Als geeignet erachtet wurde ein cosinusförmiger Funktionsverlauf der Belastung. Die entsprechende Gegenbelastung am unteren Plattenrand sollte gleichmäßig sein. Es wurde daher für die am oberen Rand angreifende Last ein Ansatz gemacht, der für $\sigma_\eta = \sigma_\eta(x, \eta)$ am unteren Rande, also für $\eta = b$ in die gleichmäßige Lastverteilung übergeht:

$$\sigma_\eta(x, \eta) = \bar{\sigma}_y \left\{ K_1^y + K_2^y \left(1 - \frac{\eta}{b}\right) + (K_1^y + K_2^y - 1) \cos \frac{2\pi x}{a} \left(1 - \frac{\eta}{b}\right) \right\}$$

Für $\eta = b$ ergibt sich für die Spannung am unteren Rande:

$$\sigma_\eta(x, b) = \bar{\sigma}_y K_1^y$$

Wie aus der Beziehung leicht ersichtlich, erhält man durch Setzen von $K_1^y = 1$ und $K_2^y = 0$ ebenfalls eine gleichmäßige Belastung am oberen Plattenrand. Das nun folgende Bild veranschaulicht den oben beschriebenen Verlauf der Belastung (Spannung) am oberen Plattenrand.

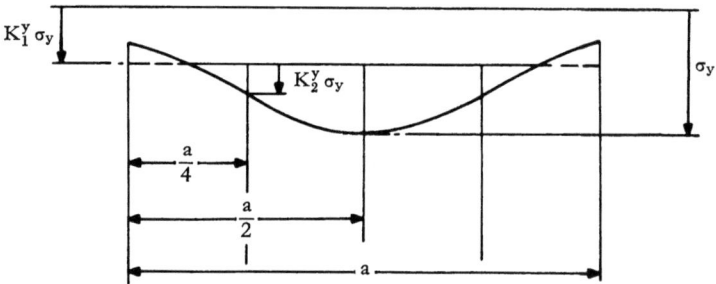

Bei der im vorhergehenden beschriebenen ungleichmäßigen Spannung σ_η ist in gleichem Maße die Schubspannung τ eine ungleichmäßige. Für letztere gilt dann folgender Ansatz:

$$\tau(x) = \tau_{\frac{a}{2}} \left\{ K_1^\tau + 2(1 - K_1^\tau) \frac{x}{a} + K_2^\tau \sin \frac{2\pi}{a} x \right\}$$

Dieser Ansatz veranschaulicht das nachstehende Bild:

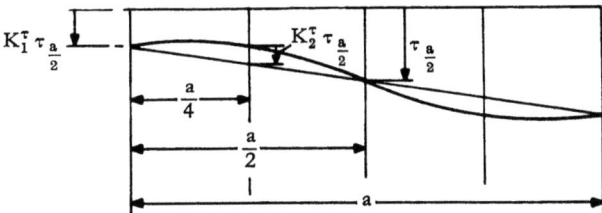

Im Sonderfall $K_1^\tau = 1$ und $K_2^\tau = 0$ geht auch die Schubspannung τ in eine gleichmäßige über.

Wie bereits oben gesagt, tritt in das beschriebene Beulwertprogramm als Besonderheit eine Normalspannung σ_η, die von $\mathfrak{x}$ und $\mathfrak{y}$ abhängig ist, sowie eine Schubspannung τ, die aber nur von $\mathfrak{x}$ abhängig ist. Die in der bereits erwähnten Arbeit von KLÖPPEL–SCHEER vor dem Integralzeichen stehenden Konstanten σ_η bzw. τ müssen nunmehr in der Rechnung unter das Integral genommen werden. Infolgedessen enthält die vorliegende Arbeit eine nicht unwesentliche Erweiterung an Ausdrücken für die äußere Energie. Um nicht von anderer Seite bereits Mitgeteiltes zu wiederholen, beschränken wir uns im folgenden auf jene nur von σ_η und τ abhängigen Ausdrücke.

Äußeres Potential der Platte infolge Normalspannungen $\sigma_\eta(\mathfrak{x}, \mathfrak{y})$

$$\delta^2 \pi_a^{\text{Pl. N}\eta} = -\frac{t}{2}\bar{\sigma}_\eta \int_0^a \int_0^b \left\{ K_1^y + K_2^y\left(1 - \frac{\mathfrak{y}}{b}\right) + (K_1^y + K_2^y - 1)\left(1 - \frac{\mathfrak{y}}{b}\right)\cos\frac{2\pi}{a}\mathfrak{x} \right\} w_\eta^2\, d\mathfrak{x}\, d\mathfrak{y}$$

Äußeres Potential der Platte infolge Schubspannungen $\tau(\mathfrak{x})$

$$\delta^2 \pi_a^{\text{Pl. S}} = + t\, P_{\frac{a}{2}} \int_0^a \int_0^b \left\{ K_1^\tau + 2(1 - K_2^\tau)\frac{\mathfrak{x}}{a} + K_2^\tau \sin\frac{2\pi}{a}\mathfrak{x} \right\} w_\mathfrak{x} w_\mathfrak{y}\, d\mathfrak{x}\, d\mathfrak{y}$$

Äußeres Potential der Querstreifen.

Einzelne Quersteifen infolge Normalspannungen $\sigma_\eta(\mathfrak{x}, \mathfrak{y})$

$$\delta^2 \pi_a^Q = -\frac{F^Q}{2}\bar{\sigma}_\eta \int_0^b \left\{ K_1^y + K_2^y\left(1 - \frac{\mathfrak{y}}{b}\right) + (K_1^y + K_2^y - 1)\left(1 - \frac{\mathfrak{y}}{b}\right)\cos\frac{2\pi}{a}\mathfrak{x} \right\} w_y^2\, d\mathfrak{y}$$

Verschmierte Quersteifen infolge Normalspannungen $\sigma_\eta(\mathfrak{x}, \mathfrak{y})$

$$\delta^2 \pi_{a,v}^Q = -\frac{n_v^Q F^Q}{2a}\bar{\sigma}_\eta \int_0^a \int_0^b \left\{ K_1^y + K_2^y\left(1 - \frac{\mathfrak{y}}{b}\right) + (K_1^y + K_2^y - 1)\left(1 - \frac{\mathfrak{y}}{b}\right)\cos\frac{2\pi}{a}\mathfrak{x} \right\} w_y^2\, d\mathfrak{x}\, d\mathfrak{y}$$

In den zuvor angeschriebenen Beziehungen werden vor der Weiterrechnung die entsprechenden Ableitungen der doppelten Fourier-Reihe eingesetzt. Die Ergebnisse der Ableitungen sind in der untenstehenden Tabelle enthalten. Sie sind ausnahmslos an den mit σ_η bzw. τ indizierten Stellen zu finden. In der erwähnten

Tabelle sind nun sämtliche für den Digitalrechner X 1 zu programmierenden Ausdrücke aufgeführt.

Die erste der zwei rechten Spalten enthält Kennzeichnungen, welcher der beiden Matrizen ($\mathfrak{A}$ oder $\mathfrak{B}$) der Ausdruck zuzuordnen ist. Der Index an dem Buchstaben A gibt Auskunft, welcher der drei Belastungsarten (σ_x, σ_η, τ) der Ausdruck unterzuordnen ist. Schließlich sind in der letzten Spalte Angaben darüber enthalten, welches Matrixelement mit dem Ausdruck belegt wird.

Es bedeuten:

mn nur Hauptdiagonale; $p = m$, $q = n$

mq nur Spalten $p = m$

pn nur Spalten $q = n$

pq beliebig besetzt

Unter den soeben angegebenen Doppelindizes stehen noch zusätzlich Bedingungen, wenn das Matrixelement mit dem betreffenden Ausdruck belegt wird.

Ausdruck	Matrix	Index
$(1 + n_\nu^L \gamma_\nu)\, m^4 + \{(\alpha + n_\nu^Q \gamma_\nu^Q)\, \alpha^3 n^2 + 2\, m^2 \alpha^2\}\, n^2$	$\Rightarrow B$	
$(1 + n_\nu^L \delta_\nu^L)\, m^2 \left(\dfrac{\alpha^2}{2}(1 + \psi)\right)$	$\Rightarrow A_{\sigma_x}$	mn
$(\alpha + n_\nu^Q \delta_\nu^Q)\, \alpha^3 n^2 \left(K_1^y + \dfrac{K_2^y}{2}\right)$	$\Rightarrow A_{\sigma_\eta}$	
$2\, m^4 \gamma^L \sin n\pi\eta \sin q\pi\eta$	$\Rightarrow B$	
$2\, m^2 \alpha^2 \delta^L (1 + (\psi - 1)\eta) \sin n\pi\eta \sin q\pi\eta$	$\Rightarrow A_{\sigma_x}$	mq
$2\, m^2 n\, (m^2 \pi^2 \gamma_\omega^L + \alpha^2 \gamma^L)\, q \cos n\pi\eta \cos q\pi\eta$	$\Rightarrow B$	
$2\, m^2 \alpha^2 n \pi^2 \delta_D^L (1 + (\psi - 1)\eta)\, q \cos n\pi\eta \cos q\pi\eta$	$\Rightarrow A_{\sigma_x}$	
$2\, \alpha^3 n^4 \gamma^Q \sin m\pi\xi \sin p\pi\xi$	$\Rightarrow B$	
$\alpha^3 n^2 \delta^Q \{2 K_1^y + K_2^y + (K_1^y + K_2^y - 1) \cos 2\pi\xi\} \sin m\pi\xi \sin p\pi\xi$	$\Rightarrow A_{\sigma_\eta}$	pn
$2\, \alpha m n^2 p\, \{n^2 \pi^2 \gamma_\omega^Q + \gamma_D^Q\} \cos m\pi\xi \cos p\pi\xi$	$\Rightarrow B$	
$\alpha \pi^2 m n^2 \delta_D^Q p\, \{2 K_1^y + K_2^y + (K_1^y + K_2^y - 1) \cos 2\pi\xi\} \cos m\pi\xi \cos p\pi\xi$	$\Rightarrow A_{\sigma_\eta}$	
$-(\alpha + n_\nu^Q \delta_\nu^Q)\, \dfrac{\alpha^3}{4}\, n^2 (K_1^y + K_2^y - 1)$	$\Rightarrow A_{\sigma_\eta}$	1 n
$(\alpha + n_\nu^Q \delta_\nu^Q)\, \dfrac{\alpha^3}{4}\, n^2 (K_1^y + K_2^y - 1)$	$\Rightarrow A_{\sigma_\eta}$	m + 2, n
$(1 + n_\nu^L \delta_\nu^L)\, m^2 \cdot \dfrac{nq}{(n^2 - q^2)^2} \cdot \dfrac{8\alpha^2}{\pi^2}(1 - \psi)$	$\Rightarrow A_{\sigma_x}$	mq
$(\alpha + n_\nu^Q \delta_\nu^Q)\, \dfrac{4\alpha^3}{\pi^2}\, nq\, \dfrac{(n^2 + q^2)}{(n^2 - q^2)^2}\, K_2^y$	$\Rightarrow A_{\sigma_\eta}$	n + q = ungerade

$-(\alpha + n_\nu^Q \delta_\nu^Q) \dfrac{2\alpha^3}{\pi^2} nq \dfrac{(n^2 + q^2)}{(n^2 - q^2)^2} (K_1^y + K_2^y - 1)$	$\Rightarrow A_{\sigma\eta}$	1 q n + q = ungerade
$(\alpha + n_\nu^Q \delta_\nu^Q) \dfrac{2\alpha^3}{\pi^2} nq \dfrac{(n^2 + q^2)}{(n^2 - q^2)^2} (K_1^y + K_2^y - 1)$ $-\dfrac{4\alpha^3}{\pi} (m + 1) nq \dfrac{1}{n^2 - q^2} K_2^\tau$	$\Rightarrow A_{\sigma\eta}$ $\Rightarrow A_\tau$	m + 2, q n + q = ungerade
$\dfrac{8\alpha^3}{\pi^2} \delta^Q \{K_2^y + (K_1^y + K_2^y - 1) \cos 2\pi\xi\}$ $\times nq \dfrac{(n^2 + q^2)}{(n^2 \cdot q^2)^2} \sin m\pi\xi \sin p\pi\xi$ $\alpha \cdot m \cdot 8 \delta_D^Q p \{K_2^y + (K_1^y + K_2^y - 1) \cos 2\pi\xi\}$ $\times nq \dfrac{(n^2 + q^2)}{(n^2 - q^2)^2} \cos m\pi\xi \cos p\pi\xi$	$\Rightarrow A_{\sigma\eta}$ $\Rightarrow A_{\sigma\eta}$	pq n + q = ungerade
$\dfrac{32\alpha^3}{\pi^2} \dfrac{mnpq}{(m^2 - p^2)(n^2 - q^2)} 1$	$\Rightarrow A_\tau$	pq m + p = ungerade n + q = ungerade
$\dfrac{32\alpha^3}{\pi^2} \dfrac{mnpq}{(m^2 - p^2)(n^2 - q^2)} (K_1^\tau - 1)$	$\Rightarrow A_\tau$	pq m ≠ p m + p = gerade n + q = ungerade

Aufstellen der Matrizen $\mathfrak{A}$ und $\mathfrak{B}$ sowie Bilden von $\mathfrak{B} - \mathfrak{f}^0 \mathfrak{A} \Rightarrow \mathfrak{B}^*$

Die Aufgabe ist nun, die in der Tabelle enthaltenen Ausdrücke zu programmieren. Es werden für ein Matrizenelement nach dem anderen zeilenweise alle Anteile berechnet; die Elemente der $\mathfrak{A}$-Matrix werden besonders gespeichert; dann wird zunächst das Matrixelement $b_{it}^* = b_{it} - \mathfrak{f}^0 a_{it}$ gebildet und hierauf gespeichert. Vor der eigentlichen Berechnung der Matrizen werden zunächst jene Größen ermittelt, die unabhängig von der Stellung in der Matrix sind.
In Abhängigkeit von einer der Bezugsspannungen σ_l, σ_η oder τ werden gebildet:

$$A_{\sigma_l} + \rho_{\sigma\eta, \sigma_l} A_{\sigma\eta} + \rho_{\tau, \sigma_l} A_\tau \Rightarrow a_{RS}$$

oder

$$A_{\sigma\eta} + \rho_{\sigma_l, \tau\eta} A_{\sigma_l} + \rho_{\tau, \sigma\eta} A_\tau \Rightarrow a_{RS}$$

oder

$$A_\tau + \rho_{\sigma_l, \tau} A_{\sigma_l} + \rho_{\sigma_l, \tau} A_{\sigma\eta} \Rightarrow a_{RS}$$

Hierfür bildet das Programm aber sinngemäß allgemein:

$$A_A + \rho_{BA} A_B + \rho_{CA} A_C \Rightarrow a_{RS}$$

Daraufhin untersucht das Programm ρ_{BA} oder ρ_{BC} bzw. ob beide dieser Faktoren gleich Null sind. Es ergeben sich dann folgende vier Möglichkeiten:

$$A_A + \rho_{BA} A_B + \rho_{CA} A_C$$
$$A_A + \rho_{CA} A_C$$
$$A_A + \rho_{BA} A_B$$
$$A_A$$

Für jeden der zuvor stehenden Ausdrücke ist jeweils ein Unterprogramm vorgesehen. Die trigonometrischen Funktionen sind mit mehr oder weniger komplizierten Summanden als Faktoren behaftet; auch diese werden möglichst nur einmal berechnet und in eine Tabelle gespeichert. Die betreffenden Faktoren sind in einem Speicherplan erfaßt. Um den benötigten Speicherbedarf klein zu halten, werden keine Faktoren zusammenhängend gespeichert. Dies bewerkstelligt ein besonderes Unterprogramm, das die jeweilige Adresse berechnet auf Grund der Anzahl der Steifen, der maximalen Komponenten m = M sowie n = N.

Inversion der Matrix $\mathfrak{B}^*$

Die Lösung eines Gleichungssystems $(\mathfrak{B} - \mathfrak{k}_0 \mathfrak{A}) \mathfrak{z}_{\nu+1} = \mathfrak{w}_{\nu+1}$ kann auch über eine sogenannte Dreieckszerspaltung der Matrix $(\mathfrak{B} - \mathfrak{k}_0 \mathfrak{A})$ erfolgen. Das genannte Verfahren wurde von KLÖPPEL-SCHEER beschrieben und auch vom MBP anfangs angewandt. Nach den Erfahrungen des MBP zeigte das Verfahren derartig numerische Schwierigkeiten, daß anstatt dessen die Inversion der Matrix $(\mathfrak{B} - \mathfrak{k}^0 \mathfrak{A})$ genommen wurde. Nun ergaben sich sofort richtige Beulwerte, während das gleiche Ziel nach der Methode in Folge der Dreieckszerspaltung nur umständlich durch fortgesetzte Verbesserung des Anfangsbeulwertes $\mathfrak{k}^0$ erreichbar war.

Die Inversion der Matrix $(\mathfrak{B} - \mathfrak{k}^0 \mathfrak{A})$ erfolgt nach einem Eliminationsschema, das bekannt ist unter dem Namen »Aitken-below-the-line« (Literaturhinweis B. Fox N.B.S. - 17. M.S., 39 [1954] pag. 12–14).

Die beiden erwähnten Verfahren lassen sich zwar im Prinzip auf die gleiche GAUSSsche Methode zurückführen. Das letztere Verfahren vollzieht jedoch eine Umordnung der Matrix derart, daß der Fehler, der im Gefolge der begrenzten Stellenzahl jeglicher Rechenmaschine entsteht, auf ein Minimum begrenzt wird. Das für die vorliegende Aufgabe verwendete Programm für die Matrix-Inversion lag in fertiger Form vor, als Teil einer von der Herstellerfirma der X 1, der Electrologica GmbH, zur Verfügung gestellten Programmbibliothek.

Eigenwertentwicklung durch Iteration

Es wird ein willkürlicher Anfangsvektor $\mathfrak{z}_1$ festgelegt. Da der auf dem Wege über die gebrochene Iteration aus $\mathfrak{z}_\nu$ entstehende neue Vektor $\mathfrak{z}_{\nu+1}$ unter Umständen beträchtliche Werte annehmen kann, erfolgt vorsorglich bei Bildung des Zählers des RALEIGH-Quotienten eine Normierung des Vektors $\mathfrak{z}_{\nu+1}$. Der normierte Vektor wird am gleichen Platz, also am Ort des Anfangsvektors, gespeichert. Diese Tatsache muß bei der im allgemeinen anschließenden Bildung des Nenners des RALEIGH-Quotienten berücksichtigt werden; denn dieser lautet $\mathfrak{z}_{\nu+1}^0 \cdot \mathfrak{w}_{\nu+2}^0$, dagegen der Zähler $\mathfrak{z}_{\nu+1}^0 \cdot \mathfrak{w}_{\nu+1}$, so daß hieraus der gebildete Quotient durch den Betrag $|\mathfrak{z}_{\nu+1}| = N$ noch dividiert werden muß, um den RALEIGH-Quotienten zu erhalten. Das Ende der Rechnung ist erreicht, wenn die Differenz zweier aufeinanderfolgender RALEIGH-Quotienten eine vorgegebene Schranke ε unterschreiten, also

$$|RQA - RQ| < \varepsilon$$

Die Möglichkeit schlechter Konvergenz wird dadurch berücksichtigt, daß die Anzahl der Iterationsschritte begrenzt wird.

Das hier benutzte Verfahren nach WIELANDT konvergiert zu dem dem Anfangswert $\mathfrak{k}^0$ nächsten Eigenwert, der im allgemeinen nicht der gesuchte Beulwert ist. Ein Zeichen für Konvergenz gegen einen höheren Eigenwert ist eine Folge wachsender RALEIGH-Quotienten. Bei einer Folge wachsender Zahlen ist die vorhin genannte Differenz negativ. In diesem Fall werden die betrachteten RALEIGH-Quotienten über die Schreibmaschine ausgeschrieben, so daß der Bediener den Verlauf der Rechnung verfolgen kann und in der Lage ist, Überlegungen anzustellen, wie eventuell der Anfangsbeulwert $\mathfrak{k}^0$ für eine zu wiederholende Rechnung abzuändern ist.

Ausgabe der Ergebnisse

Wird die Rechnung nach Errechnung der vorgegebenen Schrittzahl abgebrochen, so wird der Fall wie folgt vermerkt: »Iteration abgebrochen«. Hiernach werden die beiden letzten RALEIGH-Quotienten ausgeschrieben sowie ein vorläufiger Beulwert, über dessen erreichte Genauigkeit die eben genannten RALEIGH-Quotienten eine Aussage erlauben.

Im anderen Fall, wenn die Differenz aufeinanderfolgender RALEIGH-Quotienten eine vorgegebene Schranke unterschreitet, wird lediglich der hierbei errechnete Beulwert ausgeschrieben.

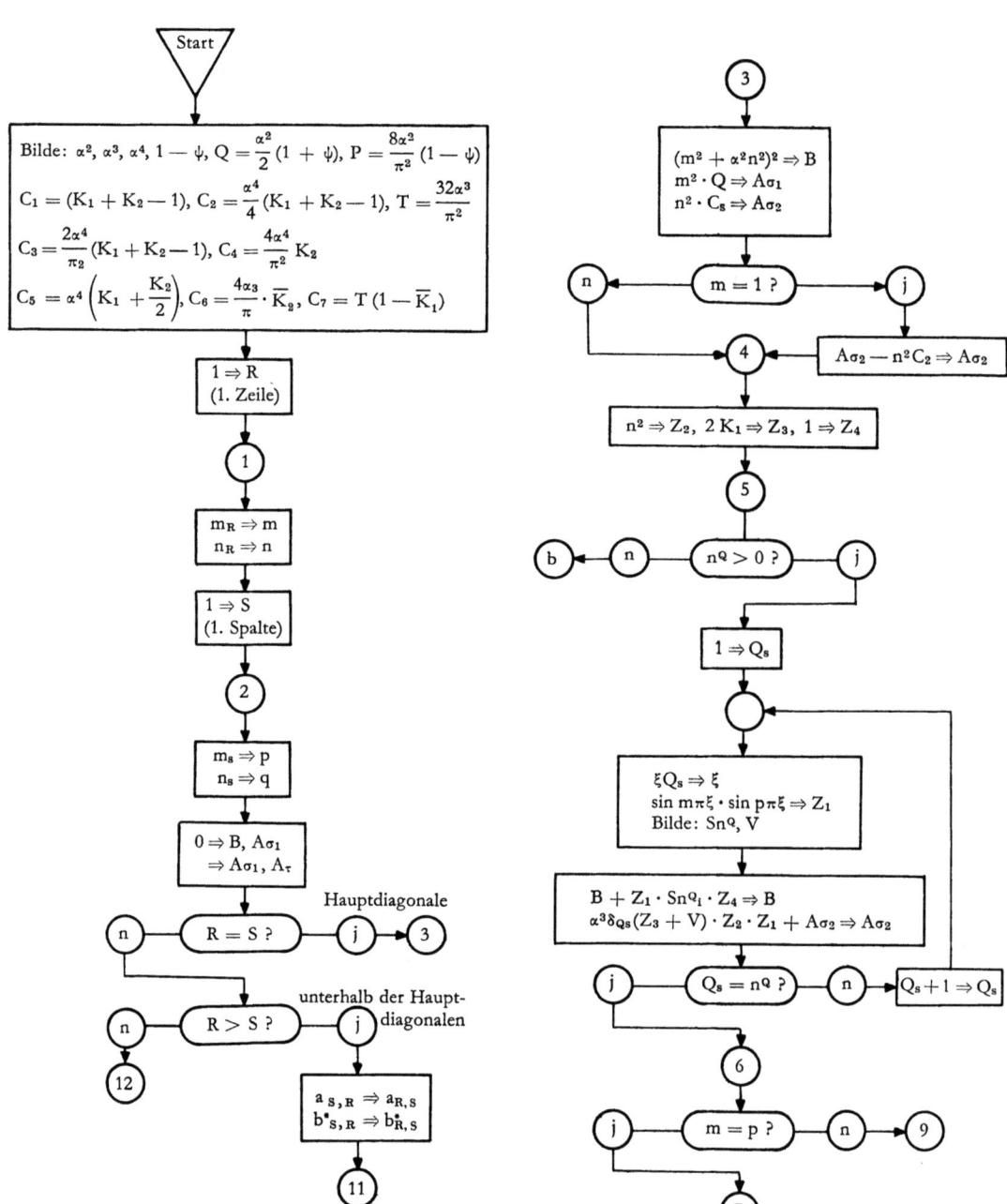

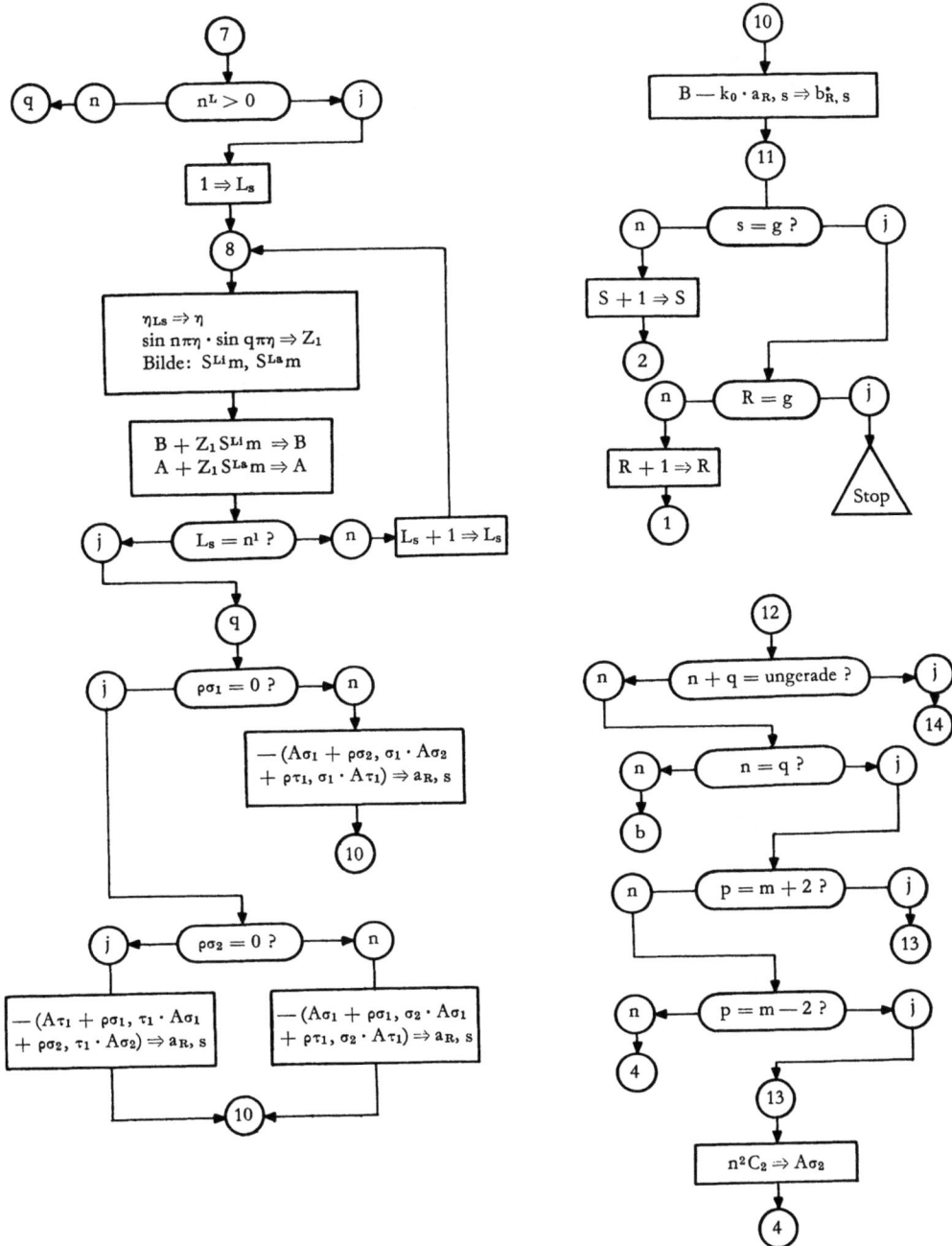

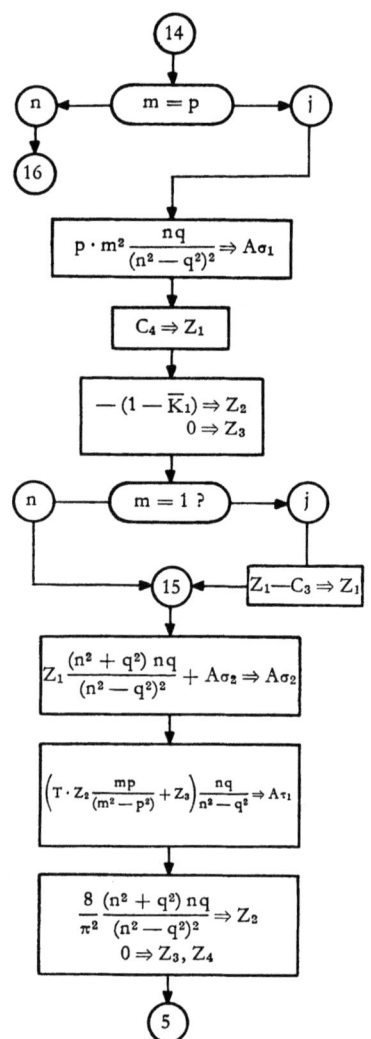
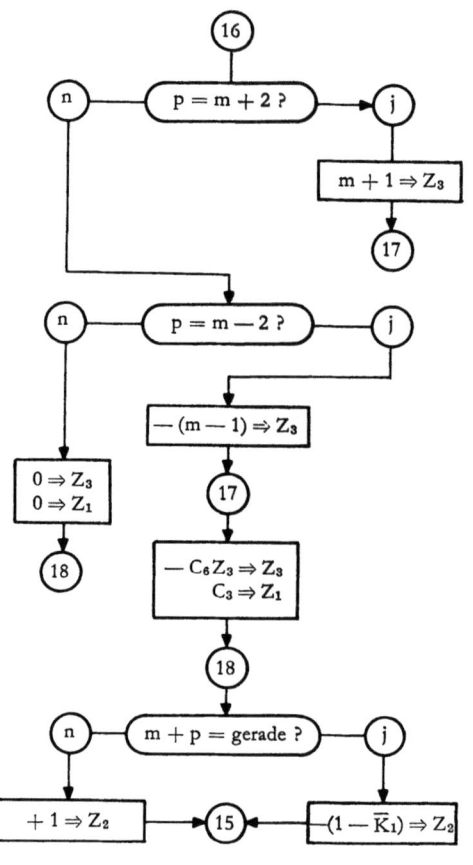

C. Bedienungsanweisung für das Beulprogramm

Start: $0 \times 10 = 0 - 10 - 0$

Für die einzelne Rechnung werden folgende Parameter eingelesen

	Bemerkung
DA OZ EO	
DN $+ n^L$	Anz. Längssteifen
$+ n^Q$	Anz. Quersteifen
$+ Z$	max. Iterationsschritte (> 2) z. B. 10
$+ \rho \sigma_1 \sigma_1$	$+1$ Spannung $+0$ dgl. $+0$ dgl.
$+ \rho \sigma_\eta \sigma_\eta$	$+0$ bezogen $+1$ auf $+0$ auf
$+ \rho \tau \tau$	$+0$ auf σ_x $+0$ σ_η $+1$ τ
DF $+ \sigma_x(\mathfrak{y})$	Längsbelastung
$+ \sigma_\eta(\mathfrak{x}, \mathfrak{y})$	Querbelastung
$+ \tau(\mathfrak{x})$	Schubbelastung
$+ \alpha$	Seitenverhältnis a/b
$+ \psi$	Randspannungsverhältnis
$+ \mathfrak{k}^0$	Anfangsbeulwert
$+ K_1$	$+1$ Im Fall gleichm Die Bedeutung nebenstehender
$+ K_2$	$+0$ Quer(σ_η)- und Größen ist in der beigefügten
$+ \overline{K}_1$	$+1$ Schub(τ)- Schrift erläutert
$+ \overline{K}_2$	$+0$ Belastung
$+ \varepsilon$	Abweichung zweier aufeinanderfolgender RALEIGH-Quotienten

Bei ausgesteiften Platten,

d. h. wenn $n^L > 0$ DA OZ HO DF $+ \eta_i + \gamma_i^L + \delta_i^L$ ($i = 1 \ldots n^L$)

und (oder) $n^Q > 0$ DA OZ FO DF $+ \xi_i + \gamma_i^Q + \delta_i^Q$ ($i = 1 \ldots n^Q$)

Die Bedeutung dieser griechischen Buchstaben ist in der beigefügten Schrift erklärt (s. dort).
Die Genauigkeit des zu berechnenden Beulwertes hängt einmal ab von der Gliedrigkeit (g) der Matrizen $\mathfrak{A}$ sowie $\mathfrak{B}$ und der Art der zu wählenden Komponenten (m, n). Für die Rechenpraxis hat sich als ausreichend erwiesen:

für die Gliedrigkeit der Matrizen $\mathfrak{g} = 25$

für die Komponenten m = 1,2,3,4,5   n = 1,2,3,4,5

zu setzen.

Da die Dauer einer Beulwertrechnung etwa prozentual mit der dritten Potenz der Gliedrigkeit wächst, empfiehlt es sich, für geringere Genauigkeitsansprüche mit einer niedrigeren Gliedrigkeit zu rechnen. Daher befinden sich auf einem Band noch weitere Eingabewerte wie folgt:

2) $g = 20$
   $m = 1,2,3,4$
   $n = 1,2,3,4$

3) $g = 16$
   $m = 1,2,3,4$
   $n = 1,2,3,4$

4) $g = 9$
   $m = 1,2,3$
   $n = 1,2,3$

Die zuletzt angeführten Eingabewerte sollen dazu dienen, vor allem die Auswahl der Komponenten A_{mn} zu treffen, die bei der Rechnung berücksichtigt werden. Ferner wird durch die obigen Eingabewerte die Stellung der A_{mn} in der Matrix festgelegt (s. Schema).

m	n	1			2			3		
		1	2	3	1	2	3	1	2	3
1	1									
	2									
	3									
2	1									
	2									
	3									
3	1									
	2									
	3									

Um ein derartiges Schema zu bewirken, werden nach OZ KO die folgenden Eingabewerte gebracht, also

DA OZ KO DN + 9
+ 1 + 1 + 1 + 2 + 1 + 3
+ 2 + 1 + 2 + 2 + 2 + 3
+ 3 + 1 + 3 + 2 + 3 + 3

Weitere Gesichtspunkte hinsichtlich Komponentenauswahl sind Genauigkeit (s. bei KLÖPPEL-SCHEER).

Anfangsvektor $\mathfrak{z}_0$

Für die iterative Berechnung des Beulwertes, d. h. des ersten positiven Eigenwertes, wird nach OZ LO der Anfangsvektor $\mathfrak{z}_0$ gegeben. Die Anzahl seiner Komponenten ist gleich der Gliedrigkeit g. Der Anfangsvektor hat der Bedingung zu genügen, daß bei einer Entwicklung nach sämtlichen Eigenvektoren des Problems die Komponente in Richtung des zum gesuchten Beulwertes gehörenden Eigenvektors nicht verschwindet. Diese Bedingung ist mit einem ganz beliebigen, z. B. ausgewürfelten Anfangsvektor, im allgemeinen immer zu erfüllen. Der Anfangsvektor wird zusammen mit den im vorhergehenden erwähnten Komponenten eingelesen.

Anfangsbeulwert $\mathfrak{f}^0$

Die Genauigkeit des berechneten Beulwertes $\mathfrak{f}$ hängt davon ab, wie weit es gelingt, den sogenannten Anfangsbeulwert $\mathfrak{f}^0$ bereits genügend nahe bei dem wirklichen Beulwert $\mathfrak{f}$ abzuschätzen. Im allgemeinen ist dies schwierig. Um dem aus dem Wege zu gehen, wird für den ersten Rechengang dieser Anfangsbeulwert $\mathfrak{f}^0$ gleich Null gesetzt. Nach Ablauf der Rechnung ist es wohl möglich, daß sich ein negativer Eigenwert ergibt. In diesem Fall wird für einen erneuten Rechengang als Anfangsbeulwert $\mathfrak{f}^0$ der Betrag jenes negativen Eigenwertes eingesetzt. Stellt sich nun nach einem weiteren Rechengang ein positiver Eigenwert heraus, so muß noch untersucht werden, ob dieser der kleinste positive Eigenwert, d. h. der zu ermittelnde Beulwert ist. Zu diesem Zweck wird der letzte Anfangsbeulwert $\mathfrak{f}^0$ halbiert und mit diesem Wert die Rechnung wiederholt. Stellt sich auch nun etwa der gleiche Eigenwert ein wie zuvor, so ist dieser Eigenwert der gesuchte Beulwert. Zur Erhöhung seiner Genauigkeit wird abschließend der so als Beulwert erkannte Eigenwert als Anfangsbeulwert $\mathfrak{f}^0$ eingesetzt; der hiermit berechnete Eigenwert ist als endgültiger Beulwert anzusehen.

CHRISTOPH HEINRICH
HEINRICH ENSTE

FORSCHUNGSBERICHTE
DES LANDES NORDRHEIN-WESTFALEN

Herausgegeben im Auftrage des Ministerpräsidenten Dr. Franz Meyers
von Staatssekretär Prof. Dr. h. c., Dr.-Ing. E. h. Leo Brandt

MATHEMATIK

HEFT 310
Dr. rer. nat. Paul Friedrich Müller, Bonn
Die Integrieranlage des Rheinisch-Westfälischen Instituts für Instrumentelle Mathematik in Bonn
1956. 54 Seiten, 6 Abb., 31 Schaltskizzen. DM 14,45

HEFT 912
Prof. Dr. rer. techn. Fritz Reutter,
Mathematisches Institut der Rhein.-Westf.
Technischen Hochschule Aachen
Die nomographische Darstellung von Funktionen einer komplexen Veränderlichen und damit in Zusammenhang stehende Fragen der praktischen Mathematik
1960. 119 Seiten, 4 Abb., 3 Tabellen,
Anhang mit vielen Abb. DM 35,40

HEFT 1003
Prof. Dr. rer. techn. Fritz Reutter,
Institut für Geometrie und Praktische Mathematik
der Rhein.-Westf. Technischen Hochschule Aachen
Untersuchungen über die praktische Verwendbarkeit einiger Verfahren der angewandten Mathematik, insbesondere der graphischen Analysis, sowie Entwicklung weiterer Verfahren für bestimmte Anwendungsaufgaben.
1961, 99 Seiten, 28 Abb., zahlr. Tabellen. DM 32,10

HEFT 1018
Prof. Dr. Hubert Cremer,
Institut für Mathematik und Großrechenanlagen
der Rhein.-Westf. Technischen Hochschule Aachen
Prof. Dr. rer. nat. Georg Schmitz,
Physikalisches Institut
der Rhein.-Westf. Technischen Hochschule Aachen
Geschwindigkeitskorrekturen in Windkanälen mit geschlossener und offener Meßstrecke bei kompressibler Unterschallströmung
1961. 79 Seiten, 44 Abb. DM 24,10

HEFT 1063
Prof. Dr. rer. techn. Fritz Reutter,
Institut für Geometrie und Praktische Mathematik
der Rhein.-Westf. Technischen Hochschule Aachen
Untersuchungen auf dem Gebiet der praktischen Mathematik und damit verwandter Fragen der Geometrie: Regelflächen vierter Ordnung in der linearen Strahlenkongruenz-Betragflächen elliptischer Funktionen.
1962. 100 Seiten, 33 Abb., 2 Tabellen. DM 30,80

HEFT 1074
Prof. Dr. rer. techn. Fritz Reutter und
Dr. rer. nat. Gerhard Patzelt,
Institut für Geometrie und praktische Mathematik
der Rhein.-Westf. Technischen Hochschule Aachen
Mathematische Behandlung einer angenäherten quasilinearen Potentialgleichung der ebenen kompressiblen Strömung
1962. 87 Seiten, 15 Abb., 10 Tabellen. DM 53,—

HEFT 1262
Prof. Dr. Hubert Cremer, Dr. Friedrich-Heinz Effertz und Dr. Karl-Hermann Breuer,
Institut für Mathematik und Großrechenanlagen
der Rhein.-Westf. Technischen Hochschule Aachen
Zur Synthese zweipoliger elektrischer Netzwerke mit vorgeschriebenen Frequenzcharakteristiken
1964. 84 Seiten, 25 Abb. DM 49,50

HEFT 1263
Prof. Dr. Hubert Cremer, Dr. Friedrich-Heinz Effertz und Wilhelm Meuffels,
Institut für Mathematik und Großrechenanlagen
der Rhein.-Westf. Technischen Hochschule Aachen
Über Realisierbarkeitskriterien für die Synthese zweipoliger elektrischer Netzwerke mit vorgeschriebener Frequenzabhängigkeit
1963, 30 Seiten, DM 17,30

HEFT 1264
Prof. Dr. Hubert Cremer und Dr. Franz Kolberg,
Mathematisches Institut
der Rhein.-Westf. Techn. Hochschule Aachen
Der Strömungseinfluß auf den Wellenwiderstand von Schiffen *1964. 73 Seiten, 8 Abb. DM 67,—*

HEFT 1265
Dipl.-Ing. Fulvio Fonzi,
Institut für Arbeitswissenschaft
der Rhein.-Westf. Technischen Hochschule Aachen
Direktor: Prof. Dr.-Ing. Joseph Mathieu
Beitrag zur Anwendung mathematischer Methoden für eine wirtschaftlichere Gestaltung der Fertigung
1964. 73 Seiten, 36 Abb. DM 48,50

HEFT 1279
Dr. rer. nat. Karl-Heinz Böhling, Rhein.-Westf. Institut für Instrumentelle Mathematik Bonn
Zur Strukturtheorie sequentieller Automaten
1964. 73 Seiten, 6 Abb., 9 Tafeln. DM 45,—

HEFT 1290
Dr. rer. nat. Wolf-Dietrich Meisel,
Rhein.-Westf. Institut für Instrumentelle Mathematik, Bonn
Zur Simulation einer digitalen Integrieranlage mittels eines elektronischen Rechenautomaten
1963. 29 Seiten. DM 9,90

HEFT 1291
Dr. rer. nat. Gerhard Schröder, Rhein.-Westf. Institut für Instrumentelle Mathematik, Bonn
Über die Konvergenz einiger Jacobi-Verfahren zur Bestimmung der Eigenwerte symmetrischer Matrizen
1964. 59 Seiten, 5 Tabellen. DM 48,50

HEFT 1306
Prof. Dr. E. Peschl und Dr. Karl Wilhelm Bauer,
Rheinisch-Westfälisches Institut für Instrumentelle Mathematik, Bonn
Über eine nichtlineare Differentialgleichung 2. Ordnung, die bei einem gewissen Abschätzungsverfahren eine besondere Rolle spielt.
1964. 59 Seiten, 13 Abb. DM 43,50

HEFT 1307
Dipl.-Math. Jürgen R. Mankopf,
Rheinisch-Westfälisches Institut für Instrumentelle Mathematik, Bonn
Über die periodischen Lösungen der VAN DER POLschen Differentialgleichung $\ddot{x} + \mu(x^2 - 1)\dot{x} + x = 0$
1964. 55 Seiten, 13 Abb., 10 Phasenbilder im Anhang. DM 41,—

HEFT 1308
Dipl.-Math. Heinz Ober-Kassebaum, Rheinisch-Westfälisches Institut für Instrumentelle Mathematik, Bonn
Über die P-Seperation der Schrödlinger-Gleichung und der Laplace-Gleichung in Riemannschen Räumen
1964. 68 Seiten. DM 42,50

HEFT 1316
Dr. Franz Kolberg,
Institut für Mathematik und Großrechenanlagen der Rhein.-Westf. Technischen Hochschule Aachen
Direktor: Prof. Dr. Hubert Cremer
Theoretische Untersuchung des Begegnungs- oder Überholungsvorganges von Schiffen
1964. 80 Seiten, 13 Abb. DM 76,50

HEFT 1317
Prof. Dr. Hubert Cremer und Dr. Franz Kolberg,
Institut für Mathematik und Großrechenanlagen der Rhein.-Westf. Technischen Hochschule Aachen
Zur Stabilitätsprüfung von Regelungssystemen mittels Zweiortskurvenverfahren
1964. 50 Seiten, 12 Abb. DM 35,50

HEFT 1367
Prof. Dr. rer. techn. Fritz Reutter und
Dr. phil. Johannes Knapp,
Institut für Geometrie und Praktische Mathematik der Rhein.-Westf. Technischen Hochschule Aachen
Untersuchungen über die numerische Behandlung von Anfangwertproblemen gewöhnlicher Differentialgleichungssysteme mit Hilfe von LIE-Reihen und Anwendungen auf die Berechnung von Mehrkörperproblemen
1964. 69 Seiten, 4 Seiten tabellarischer Anhang. DM 49,50

HEFT 1374
Prof. Dr. E. Peschl und Dr. Karl Wilhelm Bauer,
Institut für Angewandte Mathematik der Universität Bonn,
Rhein.-Westf. Institut für Instrumentelle Mathematik, Bonn
Über nichtlineare Differentialgleichungen 2. Ordnung, die für eine Abschätzungsmethode bei partiellen Differentialgleichungen vom elliptischen Typus besonders wichtig sind
1964. 65 Seiten, 19 Abb. DM 49,80

HEFT 1395
Prof. Dr. rer. techn. Fritz Reutter und
Dr. rer. nat. Dieter Haupt,
Institut für Geometrie und Praktische Mathematik der Rhein.-Westf. Technischen Hochschule Aachen
Untersuchungen auf dem Gebiete der praktischen Mathematik
1964. 85 Seiten, 6 Abb., 10 Tabellen. DM 53,50

HEFT 1489
Prof. Dr. Johannes Blume, Strümp
Nachweis von Perioden durch Phasen- und Amplitudendiagramm mit Anwendungen aus der Biologie, Medizin und Psychologie
1965. 91 Seiten, 50 Abb., 2 Tabellen. DM 54,80

HEFT 1490
Ch. Heinrich und J. Hintzen, Mathematischer Beratungs- und Programmierungsdienst GmbH., Rechenzentrum Rhein-Ruhr, Dortmund
Berechnung längsstarrer Rahmen

HEFT 1519
Prof. Dr.-Ing. Wilhelm Fucks und Josef Lauter, Erstes Physikalisches Institut der Rhein.-Westf. Technischen Hochschule Aachen
Exaktwissenschaftliche Musikanalyse
In Vorbereitung

HEFT 1557
Prof. Dr. Paul Leo Butzer und Dipl.-Phys. Hermann Schulte, Lehrstuhl für Mathematik (Analysis) der Rhein.-Westf. Technischen Hochschule Aachen
Ein Operatorenkalkül zur Lösung gewöhnlicher und partieller Differenzengleichungssysteme von Funktionen diskreter Veränderlicher und seine Anwendungen
In Vorbereitung

Verzeichnisse der Forschungsberichte aus folgenden Gebieten können beim Verlag angefordert werden:
Acetylen/Schweißtechnik – Arbeitswissenschaft – Bau/Steine/Erden – Bergbau – Biologie – Chemie – Eisen/
verarbeitende Industrie – Elektrotechnik/Optik – Energiewirtschaft – Fahrzeugbau/Gasmotoren – Farbe-
Papier/Photographie – Fertigung – Funktechnik/Astronomie – Gaswirtschaft – Holzbearbeitung – Hütten-
wesen/Werkstoffkunde – Kunststoffe – Luftfahrt/Flugwissenschaften – Luftreinhaltung – Maschinenbau –
Mathematik – Medizin/Pharmakologie/NE-Metalle – Physik – Rationalisierung – Schall/Ultraschall – Schiff-
fahrt – Textiltechnik/Faserforschung/Wäschereiforschung – Turbinen – Verkehr – Wirtschaftswissenschaft.

 WESTDEUTSCHER VERLAG · KÖLN UND OPLADEN
567 Opladen/Rhld., Ophovener Straße 1–3

If you have any concerns about our products,
you can contact us on
ProductSafety@springernature.com

In case Publisher is established outside the EU,
the EU authorized representative is:
**Springer Nature Customer Service Center GmbH
Europaplatz 3, 69115 Heidelberg, Germany**

Printed by Libri Plureos GmbH
in Hamburg, Germany